Bibliografische Information der Deutschen Nationalbibliothek:

Die Deutsche Bibliothek verzeichnet diese Publikation in der Deutschen National-
bibliografie; detaillierte bibliografische Daten sind im Internet über http://dnb.d-
nb.de/ abrufbar.

Impressum:

Copyright © 2005 GRIN Verlag, Open Publishing GmbH
Druck und Bindung: Books on Demand GmbH, Norderstedt Germany
ISBN: 9783640545353

Dieses Buch bei GRIN:

http://www.grin.com/de/e-book/142532/mansfelder-land-querfurter-platte

Maria Reif

Mansfelder Land - Querfurter Platte

Exkursionsbericht

GRIN Verlag

GRIN - Your knowledge has value

Der GRIN Verlag publiziert seit 1998 wissenschaftliche Arbeiten von Studenten, Hochschullehrern und anderen Akademikern als eBook und gedrucktes Buch. Die Verlagswebsite www.grin.com ist die ideale Plattform zur Veröffentlichung von Hausarbeiten, Abschlussarbeiten, wissenschaftlichen Aufsätzen, Dissertationen und Fachbüchern.

Besuchen Sie uns im Internet:

http://www.grin.com/

http://www.facebook.com/grincom

http://www.twitter.com/grin_com

Exkursion: „Mansfelder Land / Querfurter Platte"

Name, Vorname: Reif, Maria

Studiengang: Lehramt an Gymnasien
für Geographie und Ethik

Semesterzahl: 4

Veranstaltung: Exkursion „Mansfelder Land / Querfurter Platte

Sommersemester, 2005

Datum: 21.06.2005

I
Inhaltsverzeichnis

1. Einleitung

Die Exkursion „Mansfelder Land / Querfurter Platte" startete am 28.05.2005 gegen 08:00 Uhr früh am Seckendorff-Platz in Halle. Im Verlauf der Exkursion machten wir an verschiedenen Standorten halt. Hervor zu heben sind hier die Stationen Friedeburg, Zabenstedt, Siersleben und Querfurt. Nicht zu vergessen sind natürlich auch die Informationen und sonstigen Daten von den verschiedenen Orten, zwischen den diversen Stationen.

2. Beginn der Exkursion bis zur 1. Station

Als wir vom Seckendorff-Platz aus losfuhren, begann unser Ausflug. Anfangs durchquerten wir **Dölau** und **Lettin**. Einzelhaussiedlungen und damit verbundenes lukratives Wohnen sind kennzeichnend für Dölau. Dieser Ort überschreitet die Stadtgrenze von Halle/Saale nicht und ist mit vielen neuen Wohnsiedlungen, die auch vom Staat durch Subventionen wie die Eigenheimzulage gefördert werden, ein Indikator für Suburbanisierung. Die Tendenz zum Wegzug aus sogenannten Erweiterungsbauten, wozu neben Lettin auch Südstadt, Neustadt, sowie die Silberhöhe zählen, kann man auch gut an der rückläufigen Wohnungsauslastung von Lettin sehen. Plattenbausiedlungen sind charakteristisch für Lettin. Halle hat aufgrund der vielen Fortzüge in die alten Bundesländer, als auch ins Umland einen Einwohnerverlust von rund 80.000 Einwohnern. Das wiederum führt zu einem Wohnungsleerstand von ca. 30.000 – 40.000 Wohnungen (Stand 2005). Danach kamen wir in die ländlich, große Siedlung **Salzmünde**. Dieser Ort ist aufgrund der Nähe zu Halle ein beliebter Wohnort. Besonders mitgeprägt wurde Salzmünde durch die Familie Wentzel (Großgrundbesitzer der Region). Sie tritt in der Region sehr aktiv als Arbeitgeber in den Bereichen der Landschaft und im vermietenden Bereich auf. Da Salzmünde eine Werkssiedlung ist, darf hier wegen dem Denkmalschutz vieles nicht baulich verändert werden. Ein in dem Ort befindlicher Yachthafen besteht auch aus alter Bausubstanz. Über ihn wurde früher, als man noch keine Laster oder Schienen zur Verfügung hatte, das Getreide auf der Saale verschifft.

Das **Saaletal**, welches sich von Salzmünde bis nach Kloschwitz erstreckt, würde Raum für einen möglichen Naherholungsbereich bieten.

Ausbauvorstellungen zur Erholung von 2.000 – 3.000 Leuten pro Wochenende waren sogar schon geplant. Jedoch fehlte zu Umsetzung nicht nur das Geld zum Investieren, sondern auch das der Menschen. So viele Menschen hätte man nicht erreichen können, da nicht vielen Leuten die Mittel jedes Wochenende ins „Grüne" zu fahren zu Verfügung stehen. Anders wäre es in Gegenden wie Frankfurt am Main oder München.

Den nächsten Ort, war **Trebitz**, wie auch Rumpin zählt er zu der Gemeinde Kloschwitz. Trebitz wurde urkundlich erstmals 1288 erwähnt. Kennzeichnend für Trebitz ist die Landwirtschaft mit vielen Feldern, als auch mehrere Streuungswiesen. (Das sind Bereiche mit alten Obstbäumen, die unter Landschaftspflege gesetzt worden sind.) Ferner ist der seit 1895 bis 1922 betriebene Kalischacht Johanneshall zu erwähnen. Er wurde 1922 wegen Unrentabilität geschlossen.

Kloschwitz seit dem Jahre 1209 offiziell existent und kann als einzigster Ort im Saalkreis Tourismus aufweisen. Vor allem liegt diese Erscheinung an dem Dauercampingplatz, den gut ausgebauten, ca. 40 Kilometer (insgesamt) langen Wanderwegen, sowie dem jährlichen seit 1891 bestehenden Blütenfest (stets zur Kirschblüte). Der letzte Ort vor Friedeburg, der 1. Station, ist **Rumpin**. Erstmals erwähnt wurde dieses bäuerlich geprägte Dorf 1150. Von dem Ort konnte aus dem Bus heraus das Durchbruchstal der Saale, welches sich zwischen Friedeburg und Könnern befindet, inklusive der „Halle-Hettstedter-Gebirgsbrücke" betrachtet werden.

3. Station 1: Friedeburg

In **Friedeburg** angekommen, stiegen wir sogleich aus und gingen zu der Tafel von Bild 1. Auf dieser Informationstafel wurde das eben erwähnte Durchbruchstal der Saale zwischen Friedburg und Könnern wie folgt

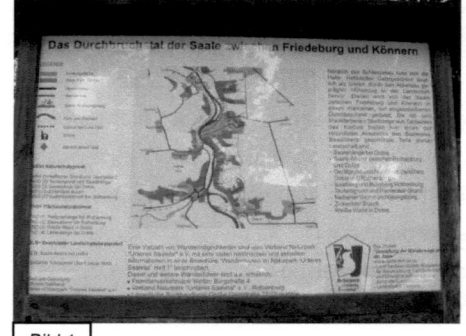

Bild 1

beschrieben. „Nördlich des Schlenzeltals hebt sich die Halle-Hettstedter-Gebirgsbrücke deutlich als breiter, durch den Ackerbau geprägter Höhenzug in der Landschaft hervor. Dieser wird von der Saale zwischen Friedeburg und Könnern in einem markanten, tief eingeschnittenen Durchbruchstal gequert. Die rot- und braunfarbenen Steilhänge aus Gesteinen des Karbon bilden hier einen der reizvollsten Abschnitte des Saaletals." (Quelle: Bild 1)

Diese landschaftliche Erscheinung ist durch Hebung von Massivgesteinen, als der Harz gehoben wurde, entstanden. Der Fluss, also die Saale, war bereits vorhanden und schnitt sich dieses Massivgestein ein, wodurch das Durchbruchstal entstanden war. Die Halle-Hettstedter-Gebirgsbrücke stellt die Verbindung zwischen dem Harz und dem Halleschen Vulkanitskomplex dar.

Die Zechsteinschichten mit Salz, die im Sattel und in der Mulde selbst waren, strichen am Rande der Mulde aus. Ein dünnes Kupferschieferband war ebenfalls in den Zechsteinschichten zu finden. Das Mansfelder Land ist ausschließlich der Querfurter Platte kein ebenmäßiges, flaches Land. Zudem wurden durch den Bergbau auch künstlich Hebungen (Halden) und Senken geschaffen. Der Mansfelder Raum ist durch Schwarzerde ausgezeichnet und deshalb auch landwirtschaftlich gut nutzbar. Viele Siedlungen sind in diesem Raum durch den Bergbau entstanden. Es sind sogenannte Bergarbeitersiedlungen.

Die drei wichtigsten Rohstoffe im Mansfelder Land sind der Kupferschiefer, das Kalisalz und die Braunkohle. Die geringste Bedeutung von den genannten Rohstoffen kam der Braunkohle zu. Abgebaut wurde die Braunkohle, um nur einige Orte zu nennen, in Lieskau, Amsdorf, Hohlleben, Bruckdorf, Beesenstedt, Helfta, Gerbstedt und nicht zu vergessen Riechstedt. In letzterem Standort wurde bis Ende des 19. Jahrhunderts am meisten Braunkohle abgebaut.

Das Kalisalz wurde bei der Sattelbildung aus den Kernbereichen der Mulde an die Randbereiche gedrückt. Diesen Rohstoff machte man sich schließlich auch zu nutze und baute ihn im Johanneshall seit 1895, im Schacht in Wanzleben seit 1889 und in Teutschenthal seit 1905 ab. Der Schacht in Teutschenthal wurde am längsten, bis 1922 genutzt. Aktuell wird er immer noch verfüllt, damit die Gefahr von Gebirgsrutschen nahezu gering gehalten bis ausgeschlossen wird. Ferner hat man für den Teutschenthaler Sattel eine andere Nutzung gefunden. So lagert man Gasbehälter in dem Salz zwischen, indem man die Behälter in das Salz presst.

Der dritte genannte Rohstoff ist der Kupferschiefer. Er wurde zur Zechsteinzeit abgelagert. Es handelt sich hierbei um eine marine Ablagerung und hat eine schwarz – graue Färbung. Unter dem Kupferschiefer befindet sich Wasser und Salz. Der Mergelschiefer, welcher beiderseits der Halle-Hettstedter-Gebirgsbrücke zu finden ist, stammt aus dem Tertiär und der Kreidezeit.

Um das 11. Jahrhundert wurde Kupfer bereits in Hettstedt abgebaut. Im 14. Jahrhundert konnte sich das Mansfelder – als auch das Sangerhäuser Land damit rühmen das größte Kupfervorkommen in ganz Deutschland zu haben. Die Zentren der Kupfervorkommen befanden sich in der Mulde. Ab dem 15. bis zum 19. Jahrhundert wurde am Rande der Mulde abgebaut. Der Hüttenabbau wurde Mitte des 19. Jahrhunderts eingeführt. Heute existiert keine einzige dieser Hütten mehr. Der Kupferabbau wurde bis Ende des 20. Jahrhundert aktiv betrieben. So wurde als letzte Abbaustelle die Sangerhäuser Mulde im August 1990 geschlossen. Positiver Effekt waren die unzähligen Arbeitsplätze die der Bergbau bot. 1900 waren 19.000 und 1922 23.000 Arbeiter im Bergbau beschäftigt. Die nicht nur landschaftlich unschön aussehenden Halden (Bild

Bild 2 (Quelle: http://www.mansfelderland.de/index.php?id=390)

Bild 3

2,3) haben auch negative Folgen. Halden „bestehen aus mitgefördertem tauben Gestein („Bergen"), teilweise aus nicht schmelzwürdigem Kupferschiefer („Ausschläge"), und reichen von den kleinsten aus der Anfangszeit des Bergbaus über die kleineren und größeren Tafelhalden bis zu den weithin sichtbaren Kegelhalden des 20. Jahrhunderts. Einige Altbergbaugebiete, so bei Wolferode/Wimmelburg und bei Hettstedt/Welfesholz, weisen auf das über Jahrhunderte vor sich gegangene Fortschreiten des Bergbaus in immer größere Tiefen und die damit verbundene technische Entwicklung hin. Diese Haldenlandschaften sind ebenso wie die großen Kegelhalden und einige der Tafelhalden unter Schutz gestellt." *(Quelle: http://mansfelderlande.de/index.php?id=390)*

Die angesprochenen negativen Folgen der Halden sind mögliche Erdfälle, Risse an nahestehenden Gebäuden, Straßen und z.T. ganz Orte die nicht mehr zu stabilisieren sind und absacken (So gingen 1960/1970 Jahren Hunderte Wohnungen zu Bruch.) und daraus resultierende notwendige Straßenverlegungen. Soweit zum Bergbau im Mansfelder Land.

In Friedeburg wurde im 7. Jahrhundert erstmals gesiedelt. Der Ort galt als grenzfeste des Thüringer Beckens. Urkundlich trat Friedeburg jedoch erst 1183 erstmals in Erscheinung (Bild 4). In Friedeburg wohnen rund 500 Einwohner, zudem besteht ein Einwohnerzuwachs. Im Vergleich zu den Einwohnerzahlen des

Bild 4

Mansfelder Landes ist diese eine Seltenheit. Gewerblich sind 2 Steinmetzfirmen, eine Kneipe, sowie eine Reifenfirma in dem Dorf angesiedelt. Bild 5 zeigt ein Gelände, für welches bereits Pläne zum Ausbau und zur Nutzung für touristische Zwecke existiert haben, diese jedoch eingestellt werden mussten, weil wie so oft nicht genügend Geld vorhanden war. Das Mansfelder Land selbst ist kleinstrukturierter, ländlicher durch den ehemaligen Kupferschieferabbau und die Landwirtschaft geprägter Raum.

Bild 5

Durch diese Voraussetzungen entstanden der Maschinenbau, sowie Zucker-
als auch Konservenfabriken. Das Mansfelder Land besteht aus 61 Gemeinden
und 6 Verwaltungsgemeinschaften. Über einer Fläche von 758,79 qkm wohnen
101.785 Einwohner verteilt. Dies entspricht einer Einwohnerdichte von 135
Einwohnern pro qkm. In der Region gibt es kein Oberzentrum. Das einzige
vollwertige Mittelzentrum ist die Lutherstadt Eisleben mit rund 21.000
Einwohnern. Des Weiteren kommt Hettstedt mit ca. 16.100 Einwohnern, einem
eigentlichen Grundzentrum, die Teilfunktion eines Mittelzentrums zu.
Weitere Grundzentren sind Gerbstedt mit ca. 3.100 Einwohnern, Helbra mit ca.
4.800 Einwohnern, Mansfeld mit 3.600 Einwohnern, Röblingen am See mit
3.100 Einwohnern und Wippra mit 1.600 Einwohnern.

Jahr	Einwohner	Jahr	Einwohner	Jahr	Einwohner	Jahr	Einwohner
1985	129 182	1990	121 400	1995	113 869	2000	108 067
1986	127 791	1991	119 062	1996	112 880	2001	106 523
1987	126 806	1992	117 816	1997	111 955	2002	104 970
1988	126 014	1993	116 516	1998	110 975	2003	103 261
1989	124 445	1994	114 999	1999	109 652	2004	

Bevölkerungsentwicklung im Landkreis Mansfelder Land (A)
Quelle: http://mansfelderland.de/index.php?cid=88

Wie in Abbildung A zu sehen ist, sind die Einwohnerzahlen im Mansfelder Land
jährlich rückläufig. Besonders nach 1999 nimmt dieser Trend erneut stark zu.
Gründe sind in der zunehmenden Perspektivlosigkeit zu finden. Nach dem Fall
der Mauer hatte man noch mehr Hoffnung auf Arbeit in der eigenen Heimat.
Doch fast 10 Jahre nach dieser politischen Wiedervereinigung zieht es vor
allem die Menschen im Geburts- und Erwerbstätigen Alter auf der Suche nach
Arbeit in die alten Bundesländer oder sogar ins benachbarte Ausland und weiter
weg. Die Arbeitsmarktlage in der Region betrachtend ist dieses Verhalten auch
nicht sehr verwunderlich. Im
April 2005 gab es hier eine
durchschnittliche
Arbeitslosenquote von 27%
(Abbildung B, C, D). Das ist
die bisher höchste
Arbeitslosenquote im

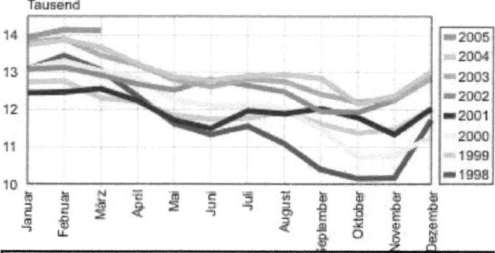

Grafische Entwicklung der Arbeitslosenzahlen von 1998 bis 2005
Quelle(B)
http://www.mansfelderland.de/index.php?cip=454

Mansfelder Land. Diese starke Abwanderung erklärt auch die hohen Geburtenrückgänge, und das „veralten" der zurück bleibenden Bevölkerung. Wie in Abbildung E zu sehen ist, sterben knapp mehr als doppelt so viele Menschen, wie geboren werden.

Jahr	gesamt	Quote	Männer	Frauen
1997	12 016	24,3	5 152	6 864
1998	11 731	23,5	5 076	6 655
1999	11 976	24,1	5 198	6 778
2000	12 121	22,7	5 577	6 544
2001	11 970	22,6	5 687	6 283
2002	12 571	24,1	6 129	6 442
2003	12 926	25,1	6 372	6 554
2004	13 032	25,5	6 393	6 639

Entwicklung der Arbeitslosenzahlen von 1997 bis 2004
Quelle: (C)http://www.mansfelderland.de/index.php?cip=454

2005	gesamt	Quote	Männer	Frauen	Eisleben gesamt	Quote	Männer	Frauen	Hettstedt gesamt	Quote	Männer	Frauen
Jan	13 941	27,35	7 210	6 731	8 143	28,3	4 259	3 884	5 798	26,4	2 951	2 847
Feb	14141	27,75	7 364	6 777	8 289	28,8	4 327	3 962	5 852	26,7	3 037	2 815
Mrz	14 123	27,7	7 358	6 765	8 244	28,6	4 305	3 939	5 879	26,8	3 053	2 826
Apr	13 756	27,0	7 031	6 725	8 001	27,8	4 145	3 856	5 755	26,2	2 886	2 869
												2 795
Mai	13282	26,05	6 668	6 614	7 801	27,1	3 982	3 819	5 481	25,0	2 686	

Entwicklung der Arbeitslosenzahlen von Januar bis Mai 2005
Quelle: (D)http://www.mansfelderland.de/index.php?cip=454

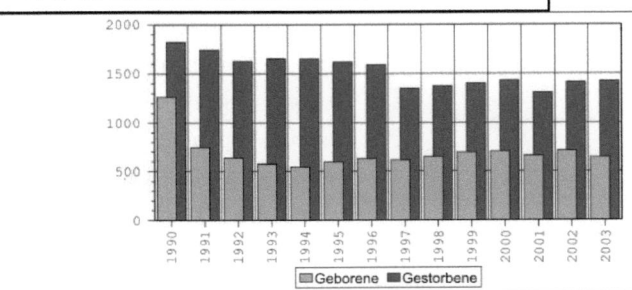

Jahr	Geborene	Gestorbene	Jahr	Geborene	Gestorbene
1990	1 262	1 820	1998	650	1 372
1991	743	1 741	1999	694	1 400
1992	638	1 626	2000	703	1 429
1993	575	1 652	2001	660	1 307
1994	543	1 649	2002	711	1 410
1995	597	1 617	2003	643	1 422
1996	629	1 588			
1997	613	1 349			

Bevölkerungsbewegung (Geborene/Gestorbene)
Quelle: (E) http://www.mansfelderland.de/index.php?cip=90

4. Von Friedeburg bis zur 2. Station

Von der Fahrt von Friedeburg nach Adendorf kamen wir auf der Landstraße an mehreren größerer Höfen vorbei. Die meisten stehen oft bereits seit 1992 unter Denkmalschutz. Die Folgen, die Denkmalschutz haben kann, sind nicht immer als gut zu bewerten. Bei vielen Höfen fehlen die Gelder um fachgerecht sanieren zu können, bei manchen Höfen ist sogar nach so viele Jahren nach der Wende der Besitzanspruch geklärt und somit wird auch nicht in dieses Grundstück investiert. Das Resultat sind zerfallende Bausubstanzen, die anderen Menschen und besonders spielenden Kindern und gefährlich werden können. In **Adendorf** konnte auf der Durchfahrt ein Gutsgebäude mit Hof betrachtet werden, in welches investiert wurde. Das Gebäude dient als Restaurant und hat Wohnungen auf zu vermieten. Der Hof wurde mit Fördermitteln 1993 saniert. Auf dem restlichen Besitz stehen alte Obstbäume, die unter Landschaftspflege gesetzt wurde. Dieser Besitz gehört der Kommune. Als nächstes kam das Ortseingangsschild von **Friedeburgerhütte**. Das Wahrzeichen dieses Ortes sind die übergroßen Kronflaschen (Bild6), die eigentlich eher aus der Mittelmeerregion, speziell aus Zypern, bekannt sind. Diese Kronflaschen hatten, wie zu sehen ist, an der Oberseite einen Verschluss und waren tief in die Erde gebaut. Sie dienten den Menschen in

Getreidespeicher, um in Not etwas zu essen zu haben. Ebenfalls konnte die wichtigste Halde des 18. Jahrhunderts (ab 1740 boomte der Kupferabbau in Friedeburg) noch gesehen werden.

5. 2. Station: Zabenstedt

Zabenstedt, die zweite Station, wurde erstmals 1256 urkundlich erwähnt. Speziell führte uns unser kurzer Ausgang aus dem Bus zum Gut

Bild 6

Bild 7

Zabenstedt (Bild 7): Dieses diente bis nach der Wende als Kindergarten. Jedoch steht jetzt vieles leer. Auch die Nebengebäude, die nicht auf dem Foto zu sehen sind, mussten abgesperrt bzw. die unteren Fenster zugemauert werden, damit keine Unfälle geschehen. Viele Dörfer haben solche Höfe (Gutsbesitztümer). Der Grund für solche Bauten sind die guten Böden. Das Mansfelder Land war auch bis zum II. Weltkrieg und danach erneut die Exportregion für Getreide. Heute sieht das anders aus. Mittlerweile sind nur noch 2% der Beschäftigten im primären Sektors angestellt. 31% im Sekundärsektor und 67% im Tertiärsektor. Auch durch die Einstellung des Bergbaus sind unzählige Arbeitsplätze verloren gegangen. Dieser Gesamtarbeitsplatzverlust im 2. Sektor verschob sich in Richtung Tertiärsektor. Als erfolgreiche Betriebe der Region sind die Klemmer AG in Eisleben mit ca. 600 Mitarbeitern, sowie die Mansfelder Kupfer und Messing GmbH in Hettstedt mit rund 1000 Mitarbeitern zu nennen.

6. Von Zabenstedt bis zur 3. Station

Die Exkursionsfahrt ging weiter nach **Gerbstedt**. Gerbstedt zählte einst, wie viele Orte im Mansfelder Land zu der mitteldeutschen Grafschaft. Heute ist Gerbstedt eine ländliche Kleinstadt mit einer Verwaltungseinrichtung, sowie kleinen Geschäften. Außerdem sind auch hier viele Höfe, und solche die es einmal waren, wieder zu finden. Zudem gab es in Gerbstedt zur Saale hin eine reine Getreideeisenbahnlinie. Von den erwähnten Geschäften wurden ca. 40% geschlossen, da nach der Wende Discounter wie Kondi usw. die kleineren Geschäfte mit ihren billigeren Produkten wirtschaftlich ruinierten. Die in Gerbstedt entstandenen Wohnblöcke wurden im Zusammenhang mit den damals benötigten Arbeitern gebaut. Ein neu erschlossener großer Windpark prägt heute das Bild von dieser Stadt. Die Fahrt führte uns weiter zu der 200 Seelengemeinschaft **Welfesholz**. „Zu frühgeschichtlicher Zeit war der heutige

Ort wohl Grab- und Kultstätte. In die Geschichte ging Welfesholz als Schauplatz einer Schlacht zwischen kaiserlichen und sächsischen Truppen ein, die die Sachsen am 11. Februar 1115 für sich entscheiden konnten." *(Quelle: http://deutschland-im-internet.de/sa/gerbst/gemein.html)* Dieser Ort ist eine typische Gutssiedlung. Viele noch stehende Häuser wurden für die Gutsarbeiter gebaut. Auch zieren viele kleine sogenannte Familienhalden das Bild der Landschaft.

7. 3. Station: Siersleben

Siersleben ist eine alte Arbeitersiedlung aus dem 19. Jahrhundert. Diese Siedlung wurde für die Kupferschieferarbeiter gebaut. Gegenwärtig sind viele ehemalige Arbeitergebäude gut saniert und zum Teil auch ausgebaut worden.

Bild 8 und 10: *(oben links, unten links) Diese Bilder zeigen nicht sanierte Gebäude in Siersleben.*

Bild 9: *(oben rechts) Auf diesem Bild ist der erfolgreiche Ausbau eines Arbeitergebäudes sichtbar.*

8. Von Siersleben bis zur 4. Station

Benndorf war der nächste Ort, den wir durchfuhren. Erstmals wurde Benndorf 1121 erwähnt. „Geprägt durch den Kupferschieferbergbau und der Landwirtschaft entwickelte sich die ehemals kleine Siedlung zu einem ansehnlichen Ort. ... Durch den 30jährigen Krieg wurde die Siedlung Benndorf dem Erdboden gleichgemacht. Nach dem Krieg siedelten sich die Menschen in der Umgebung der Güter an. Bis zum Ende des 19. Jahrhunderts hatte Benndorf wieder 1700 Einwohner. ... Die Verlagerung des Bergbaus in das Sangerhäuser Revier von 1964-1969 und die Aufnahme der Tätigkeit vieler Einwohner im Walzwerk Hettstedt verursachte den Umzug der Bewohner Benndorfs in die Wohnungsbaustandorte Sangerhausen und Hettstedt. Darin ist die Ursache des Rückganges der Einwohnerzahl von Benndorf zu sehen. 1960: 4.886 Einwohner ... 1990: 2.811 Einwohner. ... Benndorf ... ist heute ein Ort, in dem etwa 48% der Bürger Rentner und Vorruheständler sind. Etwa 17% der Einwohner sind Kinder und Jugendliche." *(Quelle: http://www.benndorf-mansfeld.de/geschichte.html)* Benndorf hat augenblicklich ca. 2600 Einwohner und, dem eben zitierten Text entnehmbar, die schlechteste Altersstruktur in ganz Sachsen-Anhalt.

Als nächstes hielten wir mit dem Bus kurz in **Helbra** an der August-Bebel-Hütte. Das Dorf (hat kein Stadtrecht) Helbra ist mit bereits erwähnten 4.600 Einwohnern ein Grundzentrum. Bild 11 zeigt das Kochhüttengelände, vor dem

wir Halt machten. Gegründet wurde dieses Hüttengelände 1879/80 mit Schieferrandplätzen und 5 Schachtöfen. Schlacke (Rohschlacke, Bauschlacke) war ein bedeutendes Nebenprodukt. Die Schlackesteine wurden bis in die Neuzeit hinein produziert. Jedoch wurde diese Hütte im II. Weltkrieg stillgelegt. Nach

Bild 11

Beendigung des Krieges wurde der Betrieb allerdings wieder aufgenommen. In den 60er und 70er Jahren des letzten Jahrhunderts war Feinkornmaterial sehr begehrt. 1988/89 diente dann das Kochhüttengelände als Brikettierungsanlage, bevor am 10.09.1990 der Hüttenbetrieb endgültig eingestellt wurde.

In **Ahlsdorf** war dann auf der Weiterfahrt ein kleines Gewerbegebiet zu betrachten. Zwischen Ahlsdorf und Hegersdorf besteht ein fließender Übergang, da diese Gemeinden in einem Ortsverbund sind. **Hegersdorf** ist ein Ortsteil von Kreisfeld. Auf der Durchfahrt waren viele Schlackeberge, also

Halden zu sehen. Die Bewohner hatten zwar die Möglichkeit diese, für Außenstehenden nicht unbedingt ansehnlichen Halden, forträumen zu lassen, doch nahm diese Chance nicht wahr, da die Halden zu ihnen und ihrer Identität gehören. Auf dem nächsten Ortseingangsschild stand **Wimmelburg** (ca. 2000 Einwohner). Dieser Ort hat mir der Lage an der Hauptverkehrsstraße eine günstige infrastrukturelle Anbindung. Aufgrund dieser und der Nähe zu der Lutherstadt Eisleben siedelten sich auch mehrere kleine Gewerbegebiete an. In dem 1083 erstmals urkundlich erwähntem Ort sind heute noch die Reste von einem alten Kloster zu sehen.

Die **Lutherstadt Eisleben** durchquerten wir als nächstes. Hier konnten die ehemalige Krughütte, die bereits erwähnte Klemmer AG, sowie das 73,8 ha großes Gewerbegebiet betrachtet werden.

Der vorletzte Ort vor dem 4. Halt war **Rothenschirmbach**. Von Interesse war das 30 ha große Gewerbegebiet, welches durch die Hauptstraße des Ortes geteilt wurde. Auf der einen Seite der Straße befand sich rein produzierendes und auf der anderen Seite der Straße gemischtes Gewerbe. Doch wie etliche Städte erhoffte man sich viele Investoren, die im Endeffekt ausblieben, und erschloss fast immer solche großen Gewerbegebiete, die nun mit deutlich erkennbaren Lücken nicht voll ausgelastet sind. Erwähnenswert ist das Hondaautohaus „Schmidt Autohändler", der gleich nach der Wende einer der ersten Autohändler in den neuen Bundesländer überhaupt war. Ihm war es unter anderem möglich, weil er die Fläche zum Bauen schon besessen hatte.

In **Osterhausen** sahen wir ein 5,9 ha großes Gewerbegebiet, in welchem nur produzierendes Gewerbe angesiedelt war. Das Ergänzungsgebiet hinter den, von der Straße aus sichtbaren Firmen, wird solange keine weitere Fläche benötigt wird, als Landwirtschaftsfläche genutzt. In dem Gewerbegebiet befinden sich z.B. ein Automotorenbau, eine Keramikfirma und eine seit 2004 ansässige Tischlerei. Jedoch ist auch dieses Gewerbegebiet nicht voll ausgelastet. Des Weiteren besitzt Osterhausen viele neuere Siedlungen, wo sich viele betuchtere Leute ihr Eigenheim gebaut haben. Insgesamt zählt dieser Ort rund 1200 Einwohner. Die vorhandene Obstplantage wurde 1992 erneut angelegt. Erstaunenswert ist außerdem, dass der kleine Edeka-Markt trotz des Kondi aus Rothenschirmbach bestehen geblieben ist.

9. Station 4: Querfurt

Nachdem wir auf einem groß angelegten Parkplatz ausgestiegen waren, gingen wir ein paar Meter und befanden uns in einem Park am Altstadtrand von **Querfurt**. Vom physischen Aspekt aus ist die Querfurter Platte eine Muschelkalkebene. Die Landschaft ist ausgeräumt, d.h., dass keine Bäume auf freier Flur verstreut stehen. Ferner wird der Lößboden einseitig mit Weizen- und Zuckerrübenanbau genutzt. Vereinzelt wird an Hanglagen mit Südexposition auch Weinanbau betrieben. Zur Geschichte von Querfurt.

„Zwischen 3000 und 2000 vor Christus siedelten sich Bauern der Bernburger Kultur (...) im Raum Querfurt an. Auf dem Gelände der Burg lebten in der Bronzezeit, um 2100 vor Christus. Angehörige der „Anujetitzer Kultur". Auch aus der Eisenzeit (um 700 v. Chr.) lassen sich Funde in Querfurt nachweisen. bis zum Sieg der Franken und Sachsen über die Thüringer bei Burgscheidungen gehörte Querfurt zum Thüringer Reich, danach wurde es sächsisch." *(Quelle: http://www.querfurt.de/deutsch/705/705/906268/liste5.html)*

Die Kurnfurteburg, welche vom Park aus zu sehen war, ist flächenmäßig ungefähr siebenmal so groß, wie die Wartburg. In ihrem Besitz waren viele Adlige, wie der zitierte Text vermuten lässt. Ab dem 12. Jahrhundert richtete man erstmals einen Marktplatz zur Burg ein. Daraufhin wurde Querfurt zur Stadt

ernannt. Das Rathaus auf dem dreieckigen Marktplatz (Bild 12) wurde 1445 erstmals erwähnt. 1678 brannte es beim zweiten großen Stadtbrand mit ab. Der Wiederaufbau fand 1699 statt und drei Jahre später wurde der Turm hinzugebaut. Das vorhandene Treppenhaus wurde 1710 erstellt.

Die Industrielle Revolution ging an Querfurt nahezu vorbei, da der Ort erst spät an das Eisenbahnnetz angeschlossen wurde. 1952 war

Bild 12

Querfurt eine Kreisstadt von Halle. 1994 kam es dann zum Zusammenschluss von Querfurt mit Merseburg, wobei Querfurt die Funktion als Stadt verloren hat. Herr Kuhnert, der nach 1990 Bürgermeister von Querfurt war, kümmerte sich sehr um seine Stadt und half mit Fördergeldern die Stadt zu sanieren. Mit einem guten Sanierungsplan wurde historische Bausubstanz gesichert. Darunter war unter anderem die alte Stadtmauer (Bild 13,14), ein altes Lager- und Handelshaus (Bild 15), sowie andere Plätze der Stadt (Bild 16,17).

Bild 13 und 14 oben rechts und links zeigen die erhaltene alte Stadtmauer.

Bild 15 unten links bildet das alte Handels- und Lagerhaus ab.

Bild 16 und 17, beide in der Mitte, zeigen beide sanierte Plätze in Querfurt.

Zur Zeit leben ca. 14.000 Menschen in Querfurt und den umliegende Dörfern. In Querfurt selbst leben rund 7.000 Einwohner.

Im Anschluss fuhren wir dann noch in das 1992/93 fertiggestellte, 75 ha große Gewerbegebiet. Dieses kann man mit der Überschrift „Investruine" versehen. Es ist viel zu überdimensional angelegt worden, da man auf unmengen von Investoren spekulierte, diese aber fern blieben. Unter vielen zugewucherten Grünflächen wurde auf dem Gelände alles erschlossen. Für die Erschließung waren natürlich auch Gelder notwendig. Diese Gelder waren aber nichts weiter als ein riesengroßer Kredit. Aufgrund des Fernbleibens der Investoren war Querfurt nun hochverschuldet und sah sich schließlich 1994 gezwungen von Merseburg eingemeindet zu werden.

10. Resümee

Dies war die Exkursion Mansfelder Land / Querfurter Platte. Auf der nächsten eingefügten Karte (Bild18) lässt sich der Routenverlauf nachvollziehen. Die Rücktour ging über Orte wie Schafstädt, Bad Lauchstädt, sowei Teuthschenthal nach Halle Neustadt hinein, zurück zum Seckendorff-Platz zu den Geowissenschaften.

II

Literaturverzeichnis

1) http://www.mansfelderland.de/index.php?id=390
2) http://mansfelderland.de/index.php?cid=88
3) http://www.mansfelderland.de/index.php?cip=454
4) http://www.mansfelderland.de/index.php?cip=90
5) http://deutschland-im-internet.de/sa/gerbst/gemein.html
6) http://www.benndorf-mansfeld.de/geschichte.html
7) http://www.querfurt.de/deutsch/705/705/906268/liste5.html
8) Alle Bilder ohne Vermerk sind selber gemacht worden!